LE
LIQUORISTE PARFAIT,

CONTENANT 80 RECETTES ET PLUS,

PAR

M. LE COMTE FERDINAND DE G***.

GRATIS.

L'on peut également recevoir des leçons gratis et à domicile.

METZ,

DE L'IMPRIMERIE DE COLLIGNON.

1844.

V

40040

LE
LIQUORISTE PARFAIT,

CONTENANT **80** RECETTES ET PLUS,

PAR

M. LE COMTE FERDINAND DE GAZZERA.

GRATIS.

L'on peut également recevoir des leçons gratis et à domicile.

METZ,

DE L'IMPRIMERIE DE COLLIGNON.

1844.

PRÉFACE.

Origine des liqueurs; raison pourquoi au commencement de l'empire on buvait beaucoup de liqueurs dans les grandes maisons, dans les cafés et dans le commerce en général, et pourquoi aujourd'hui elle passe de mode en France.

Au commencement de l'empire, la France ignorait complètement la fabrication des liqueurs superfines. Dès que l'Italie a été réunie à la France, les Italiens se sont empressés d'expédier dans tout l'empire de leurs excellentes liqueurs, en tout temps les Italiens ont expédié des liqueurs dans toutes les parties du monde. Ils ont été les inventeurs de cette industrie, et jamais on n'a pu leur faire concurrence; cela tient à leur climat, leurs fruits, leurs fleurs et toutes leurs plantes aromatiques qui sont bien supérieures à celles des autres pays.

Dans les dernières années de l'empire quelques Italiens qui se trouvaient en France au service, ont commencé à donner quelques instructions sur cette fabrication; après 1815 l'on a établi une fabrique de liqueurs à la Côte-St.-André, cette fabrique a été la plus célèbre de France, et pendant une dizaine d'années dans tout le royaume l'on ne parlait que des liqueurs de Rocher frères, de la Côte-St.-André; mais l'instruction se propageant de toute part, plus de dix milles fabriques se sont établies, et par esprit de concurrence tous les fabricants ont voulu baisser les prix et ils ont tellement baissé les prix, que l'on vend à la Villette des liqueurs à 90 centimes le litre, verre compris, et à Nantes,

1*

Bordeaux et Lille, on vend des liqueurs à 65 centimes le litre, en fûts; ces liqueurs pour être livrées au commerce, doivent être cachetées par les employés de la régie, et elles payent plus de droit qu'elles ne coûtent, prix d'achat. Ces liqueurs sont fabriquées avec des esprits les plus communs de pommes de terre ou de mélasse, des cassonades avariées, clarifiées avec du noir animal et de l'acide sulfurique; ces fabrications sont faites par des ouvriers peu instruits, ils ne savent pas saturer l'acide et ils s'en servent pour faire leur liqueur.

Une ordonnance de 1839, de M. le Ministre de l'intérieur, défend de colorer les liqueurs en rouge avec de l'orseille, et tous les distillateurs de Nantes, généralement ne colorent pas autrement qu'avec cette matière; probablement que partout le royaume on en fait autant. Cette substance qui est une racine que l'on reçoit des Canaries, se prépare ainsi: on la met dans de l'urine, à infuser pendant 3 mois, lorsqu'elle est pourrie, elle a acquis toute sa force en couleur et on la livre au commerce! elle exhale une odeur infecte, les liquoristes s'en servent ainsi: ils la mettent infuser dans de l'esprit de vin et en colorent leurs liqueurs.

Voici la recette employée généralement par les distillateurs pour faire leurs liqueurs communes:

10 kilogrammes 1/2 cassonnade avariée, à 50 ou 52 centimes le demi kilogramme..... 13 fr.
70 litres d'eau.
25 litres esprit de vin, à 100 fr. l'hectol. 25
Parfum............................. 1

Pour 100 litres, dépense générale... 39 fr.

Voilà donc des liqueurs qui coûtent 39 centimes le litre; les liquoristes vendent ces liqueurs en gros aux marchands de vins, 65 centimes le litre; en fûts, ou 90 centimes en bouteilles de litre, verre compris, les marchands de vins vendent ces liqueurs aux cafetiers ou débitants 1 franc 40 centimes le litre.

Le cafetier ou le débitant qui reçoit ces liqueurs paye dans tous les départements de la France, de droits de régie et de droits d'octroi, 70 centimes par litre, et ils vendent au consommateur 3 francs le litre, ou 20 centimes le petit verre; voilà donc un litre de liqueur qui ne coûte pas seulement de fabrication 40 centimes par litre, et qui est livré au consommateur pour 3 francs; ces liqueurs sont si mauvaises et si rebutantes qu'elles ont dégouté les consommateurs d'en boire.

A présent nous allons passer au haut commerce.

Les négociants en liquides, de grande réputation, comme ils ont été trompés par tant de voyageurs qui leurs promettaient des liqueurs superfines, lesquelles ne satisfaisaient personne, se sont bornés à vendre des Anisettes, de Marie Brizard; les Curaçao, de Wynand Focking, d'Amsterdam; la véritable Eau-de-vie, de M. Lax, de Dantzick; les Marasquins venant de Trieste, et plusieurs liqueurs venant de la Martinique; voici ce qui en résulte: les Liqueurs venant de l'étranger payent 1 franc 10 centimes de droits de douanes, et environ 70 centimes de droits d'octroi et de régie.

Ces liqueurs étrangères et superfines, ne se vendent pas à moins de 8 à 10 francs la bouteille ou le cruchon, et comme le prix est trop élevé, on ne boit pas la millième partie de ce que l'on en boirait si elles ne coûtaient que 3 francs la bouteille.

En 1837 et années suivantes, M. le comte de G. L. a fait imprimer une brochure intitulée: Ouvrage de Chimie, contenant 100 recettes et plus, pour la fabrication des liqueurs; cette brochure a été imprimée, 1re édition 3,000 exemplaires, à Lyon ; 2e édition, 3,000 exemplaires à Bordeaux ; 3e édition, 10,000 exemplaires à Paris ; 4e édition, 1,000 exemplaires à Rouen ; 5e édition, 1,000 exemplaires au Hàvre ; 6e édition, 1,000 exemplaires à Lille ; 7e édition, 1,000 à Boulogne ; 8e édition, 1,000 exemplaires à Metz ; 9e édition, 1,000 exemplaires à Clermont ; total, 22,000 exemplaires, lesquels ont été distribués dans la capitale et dans toutes les villes principales du royaume ; une quantité de liquoristes méchants et jaloux, ont publié de toute part que ces liqueurs n'étaient pas bonnes et qu'elles ne se conservaient pas, et ils ont confondu cette fabrication avec des extraits concentrés avec les essences, et ils ont fait courir de toute part le bruit que les liqueurs faites avec les essences ne sont pas bonnes, cela est la vérité, généralement en France, et voici pourquoi :

Il y a dans le commerce de la droguerie et de la pharmacie, une corruption de falsifications générales ; il serait trop long de vous entretenir en vous donnant des détails, nous nous contenterons de vous dire que tous les droguistes de la capitale ainsi que tous les droguistes du royaume, ne possèdent pas chacun quatre qualités d'essences fraîches, pures, de bonne qualité et sans mélange ; les essences du commerce sont généralement vieilles, rances ou falsifiées ; il y a quatre sortes de falsifications : soit avec de l'huile de Ricin, ou de l'essence de thérébentine, ou encore des huiles grasses, et la plus difficile à connaître c'est des essences communes mêlées avec des essences fines et de prix ; donc, comme MM. les pharmaciens se servent chez les droguistes, ils ne peuvent posséder rien de bou ; voici une preuve que nous allons vous citer, nous avons copié ces quelques lignes.

Plainte à Monsieur le Procureur du Roi.

« A Monsieur le Procureur du Roi. »

« J'ai acheté quatre flacons d'essences chez Mon-
» sieur A. D. pharmacien au Hâvre, je lui ai fait
» cacheter les quatre flacons dans un paquet, je
» l'ai prié de les mettre dans une seconde enveloppe
» et de les cacheter de nouveau, je vous ai envoyé
» ces quatre flacons cachetés avec de la cire, et le
» cachet du pharmacien avec la facture acquittée
» par lui; je vous ai déclaré que, une seule goutte
» de ces essences suffirait pour empester un corps
» humain, et je vous ai dit que ces essences étaient
» rances et pourries; comme vous n'avez pas donné
» suite à cette affaire, Monsieur le Procureur du
» Roi, je vous demande l'autorisation de poursui-
» vre Monsieur A. D. pharmacien, en police cor-
» rectionnelle. »

En deux mots, tout est falsifié en France, et si
on faisait une visite générale chez tous les pharmaciens, droguistes, épiciers, liquoristes, le nombre
des procès-verbaux dépasserait 100,000.

A MM. les Négociants de liquides.

Messieurs, d'après un brevet d'invention dont
nous sommes en possession, nous avons monté
une manufacture d'extraits pour la fabrication des
liqueurs; nous garantissons qu'un flacon contenant
40 grammes suffit pour fabriquer 20 litres de liqueurs garanties tout ce qu'il y a d'extrafin, et nous
renouvelons notre provocation à tous ceux qui
veulent nous nuire par des calomnies sur nos fabrications de liqueurs; comme nous avons dit dans
notre publication de 22,000 brochures qui ont été
distribuées gratis dans toute la France.

500 FRANCS

de récompense à quiconque voudra lui présenter quatre qualités de Liqueurs supérieures à celles que l'on peut fabriquer d'après ce procédé.

Et nous pouvons garantir avec expérience gratuite de fabrication que nos liqueurs sont de qualités supérieures à toutes les liqueurs en général, d'Italie, de France et de la Martinique, au prix de 1 franc 5o centimes le litre, dont voici toutes les qualités :

Huile de Noyau.
Crême de Vanille.
Marasquin de Zara.
Curaçao de Hollande.
Alkermès de Florence.
Crême de Victoria.
Eau-de-vie de Dantzick.
Eau d'Or de Turin.
Crême de canelle.
Eau de la Côte-St.-André.
Crême de girofle.
Huile de la Martinique.
Eau d'Argent.
Parfait-Amour.
Crême d'Orange.
Anisette de Bordeaux.
Elixir de Garus.
Vespétro.
Anisette de la Martinique.
Eau verte stomachique.
Scubac d'Irlande.
Crême de Menthe.
Citronelle de Sicile.
Anisette de Hollande.
Crême à la fleur d'Orang.
Huile de Rose.

Crême d'absinthe.
Crême de céleri.
Crême angélique.
Huile de Rhum.
Délice des Dames.
Rosolio de Breslau.
Eau de Pucelle.
Huile de Vénus.
Nectar des Dieux.
Crême de Cédrat.
Persico de Turin.
Devise du Pape.
Rose du Sérail.
Crême de Jasmin.
Crême Impériale.
Baume Humain.
Lait de Vieille.
Absinthe suisse.
Eau de chasseurs.
Eau de belles femmes.
Huile de violette.
Crême de Cassis.
Ratafia de Grenoble.
Crême de framboise.
Eau-de-vie d'Andaye.
Genièvre de Hollande.

De toutes les qualités ci-dessus mentionnées, un flacon d'extrait contenant 40 grammes, suffit pour fabriquer 20 litres de liqueur extrà-fine ou 25 litres de liqueur fine, ou 40 litres de liqueur demi-fine, ou 60 litres liqueurs communes.

RÈGLE GÉNÉRALE

POUR FABRIQUER TOUTES SORTES DE LIQUEURS SUPERFINES.

Pour 20 litres.

Prenez 10 kilogrammes de sucre, 7 litres d'eau ; après que le sucre est bien fondu, on met dans un autre vase 7 litres d'esprit à 86 degrés (dit 3/6), on mélange un flacon d'extrait selon la qualité que l'on désire faire ; après, on mêle avec le sucre fondu, et l'on filtre.

Consultez pour les couleurs ou autres variations les recettes suivantes de chaque qualité.

RÉGLE GÉNÉRALE

POUR FABRIQUER LES LIQUEURS FINES.

Pour 25 litres.

Prenez 10 kilogrammes de sucre, 9 litres d'eau ; après que le sucre est bien fondu, on met dans un autre vase 8 litres d'esprit et un flacon d'extrait ; on mêle et on filtre comme la précédente.

RÈGLE GÉNÉRALE

POUR FABRIQUER LES LIQUEURS DEMI-FINES.

Pour 40 litres.

Prenez 10 kilogrammes de sucre, 18 litres d'eau ;

après que le sucre est bien fondu, on mélange comme les précédentes 14 litres d'esprit et un flacon d'extrait, et on filtre.

RÈGLE GÉNÉRALE

POUR FABRIQUER LES LIQUEURS COMMUNES.

QUALITÉ SUPÉRIEURE.

Pour 60 litres.

Prenez   8 kilogrammes de sucre,
         36 litres d'eau,
         18 litres esprit,
         1 flacon extrait, mêlez et filtrez comme les précédentes.

MANIÈRE DE FILTRER.

Prenez une cuvette ou saladier, mettez dedans un litre d'eau; prenez une feuille de papier Joseph ou papier à filtrer, mettez-le dans l'eau et faites-le fondre; qu'il soit parfaitement délayé comme si c'était de la farine dans l'eau; après, versez-le dans une serviette pour en extraire l'eau, vous le serrez bien, après vous jetez cette eau, et vous mettez ce papier, devenu comme un morceau de pâte, dans le même vase, vous mettez deux ou trois verres de Liqueur, et, avec la main, vous faites fondre ce papier dans la Liqueur. Quand il commence à être bien délayé, vous ajoutez trois ou quatre verres de Liqueur, et après qu'il est bien fondu, vous mélangez le tout avec la totalité de la Liqueur. L'on met sur le dos de deux chaises deux bâtons; on les arrête aux quatre pommeaux des chaises avec de la ficelle; après on attache un filtre de molleton-coton à ces bâtons, et l'on verse la Liqueur dedans. La première qui passe on la remet par-dessus deux ou trois fois. Lorsque l'on voit qu'elle est bien limpide, on la reçoit et on la met en bouteilles.

Si elle n'était pas suffisamment limpide, lorsqu'elle commence à devenir claire, on la laisse filtrer toute et on y ajoute 125 grammes noir animal lavé à l'eau chaude pour les liqueurs blanches et pour les liqueurs colorées, 125 grammes cendres de bois; on la remue bien, on la laisse reposer 15 à 20 minutes, et on la verse de nouveau sur le filtre; elle deviendra d'une limpidité parfaite.

Huile de Noyau.

Ajoutez à la règle générale un flacon d'extrait de Noyau.

Huile de Vanille.

Ajoutez à la règle générale un flacon d'extrait de Vanille et la couleur rose.

Marasquin de Zara.

Supprimez de la règle générale un litre d'eau et un litre d'esprit; ajoutez à la place deux litres de bon Kirschwasser et un flacon d'extrait.

Créme de Victoria.

Ajoutez à la règle générale un flacon extrait de Victoria; après que la liqueur est filtrée, on y ajoute 60 feuilles d'or bien battu dans la liqueur.

Eau-de-vie de Dantzick.

Ajoutez à la règle générale un flacon d'extrait; après que la Liqueur est filtrée, ajoutez 20 feuilles d'or et mélangez bien.

Eau d'Or.

Ajoutez à la règle générale un flacon d'extrait, après qu'elle est filtrée, ajoutez 20 feuilles d'or et mélangez.

Créme de Girofle.

Ajoutez à la règle générale un flacon d'extrait de Girofle et la couleur rose.

Huile de la Martinique.

Ajoutez à la règle générale un flacon d'extrait et la couleur rose.

Eau d'Argent.

Ajoutez à la règle générale un flacon d'extrait ; après qu'elle est filtrée, ajoutez 20 feuilles d'argent.

Parfait-Amour.

Ajoutez à la règle générale un flacon d'extrait et la couleur rose.

Créme d Orange.

Ajoutez à la règle générale un flacon d'extrait et la couleur jaune.

Anisette de Bordeaux.

Ajoutez à la règle générale un flacon d'extrait.

Elixir de Garus.

Ajoutez à la règle générale un flacon d'extrait et la couleur jaune.

Vespétro.

Ajoutez à la règle générale un flacon d'extrait.

Eau Verte stomachique.

Ajoutez à la règle générale un flacon d'extrait et la couleur verte.

Scubac.

Ajoutez à la règle générale un flacon d'extrait et la couleur jaune.

Alkermès de Florence.

Ajoutez à la règle générale un flacon d'extrait et la couleur rose.

Créme de Menthe.

Ajoutez à la règle générale un flacon d'extrait.

Citronnelle de Sicile.

Ajoutez à la règle générale un flacon d'extrait et la couleur jaune.

Anisette de Hollande.

Ajoutez à la règle générale un flacon d'extrait.

Créme à la fleur d'Oranger.

Ajoutez à la règle générale un flacon d'extrait.

Huile de Rose.

Ajoutez à la règle générale un flacon d'extrait et la couleur rose.

Créme d'Absinthe.

Ajoutez à la règle générale un flacon d'extrait.

Créme de Céleri.

Ajoutez à la règle générale un flacon d'extrait.

Créme d'Angélique.

Ajoutez à la règle générale un flacon d'extrait.

Huile de Rhum.

10 kilogrammes de sucre, 6 litres d'eau; on fait bouillir 5 minutes, on verse ce sirop dans une terrine et on le laisse venir tiède, après on y ajoute 7 litres de bon rhum, 2 litres d'esprit et un flacon d'extrait; on le colore à volonté avec du sucre brûlé.

Délice des Dames.

Ajoutez à la règle générale un flacon d'extrait et la couleur rose.

Rosolio.

Ajoutez un flacon d'extrait et la couleur rose.

Eau de pucelle.

Ajoutez à la règle générale un flacon d'extrait.

Huile de Vénus.

Ajoutez un flacon d'extrait et la couleur jaune.

Nectar des Dieux.

Ajoutez à la règle générale un flacon d'extrait et la couleur rose.

Créme de Cédrat.

Ajoutez à la règle générale un flacon d'extrait.

Persico de Turin.

Ajoutez à la règle générale un flacon d'extrait.

Devise du Pape.

Ajoutez à la règle générale un flacon d'extrait ; après que la liqueur est filtrée, ajoutez 20 feuilles d'or et 20 feuilles d'argent, et mélangez.

Eau de Chasseur.

Ajoutez à la règle générale un flacon d'extrait.

Eau de belles Femmes.

Ajoutez à la règle générale un flacon d'extrait.

Créme de Jasmin.

Ajoutez à la règle générale un flacon d'extrait.

Crême impériale.

Ajoutez à la règle générale un flacon d'extrait.

Baume humain.

Ajoutez à la règle générale un flacon d'extrait et trois bouteilles de vin de Champagne.

Lait de Vieille.

Ajoutez à la règle générale un flacon d'extrait.

Rose du Sérail.

Ajoutez à la règle générale un flacon d'extrait.

Eau-de-vie d'Andaye.

Ajoutez à la règle générale un flacon d'extrait.

Huile de Violettes.

Ajoutez à la règle générale un flacon d'extrait.

Curaçao de Hollande.

11 kilogrammes de sucre, 6 litres eau bouillante; on fait fondre le sucre; lorsqu'il est fondu, on le mélange avec l'esprit ici indiqué.

Prenez 8 litres esprit de vin, 250 grammes bois de Campêche moulu, 125 grammes bois de Brésil, un flacon extrait de Curaçao; infusez une heure, passez au travers d'un linge, mêlez avec le sirop ci-dessus et filtrez.

Curaçao Blanc.

Même recette que ci-dessus; supprimez le bois de Campêche et le bois de Brésil.

Liqueur de Cassis.

Prenez 15 à 20 kilogrammes de cassis bien pilé;

versez par dessus 3o litres d'esprit, laissez-le infuser 3 à 4 semaines; ensuite, faites fondre 20 kilogrammes de sucre dans 5o litres d'eau, mêlez le tout et filtrez. Si vous voulez faire du cassis plus commun, ajoutez de l'eau.

Guignolet ou Ratafia d'Angers.

Prenez 25 kilogrammes de cerises noires bien mûres, pilez-les, versez pardessus 40 litres d'esprit, ajoutez 3o grammes de noix de muscade pilées, 6o grammes de cannelle de Ceylan pilée, laissez infuser 3 à 4 semaines, ensuite, faites fondre 40 kilogrammes de sucre dans 40 litres d'eau; mélangez le tout et filtrez.

Extrait d'Absinthe Suisse.

Prenez 16 litres esprit de vin, mélangez avec 2 flacons d'extrait; ajoutez 4 litres d'eau et la couleur verte.

Manière de préparer la couleur verte pour l'Absinthe.

Prenez 5oo grammes d'orties; il faut bien les piler et les arroser avec de l'esprit, un verre environ; après qu'elles sont bien pilées on les presse bien et on jette le jus, ensuite on met ces orties dans un pot de terre, on verse par dessus un litre d'esprit, on les laisse infuser deux à trois jours, après, on presse les orties, et avec ce jus on colore l'absinthe verte à volonté, et pour la rendre olive on y ajoute du sucre brûlé.

Eau vulnéraire.

Prenez 16o litres de 3/6, mélangez un flacon d'extrait vulnéraire, après, ajoutez 14o litres d'eau, vous obtiendrez de l'eau vulnéraire d'une qualité parfaite à 5o centimes le litre, 5o francs l'hectolitre.

Genièvre de Hollande.

Prenez 55 litres de 3/6, mélangez un flacon d'extrait, et ajoutez 45 litres d'eau, vous obtiendrez du genièvre parfait à 54 centimes le litre.

Couleur rose pour les Liqueurs.

Prenez 30 grammes de cochenille bien pilée, mettez-la dans une soupière, mettez sur ladite soupière le coin d'une serviette, faites bouillir un demi-kilogramme d'eau environ dans laquelle vous aurez mis 125 grammes de cendre de bois; versez cette eau sur le coin de la serviette, après, avec une cuiller d'argent ou de bois, mélangez bien la cochenille à l'eau bouillante, et vous obtiendrez une couleur de carmin parfaite qui suffit pour colorer 60 litres de Liqueur.

N. B. Comme il arrive souvent que dans le commerce l'on trouve des cochenilles avariées, il en résulte que quelquefois la liqueur colorée en rose 2 ou 3 mois après devient noirâtre et dépose.

Voici une recette préférable et inaltérable.

L'on recolte à la saison du fruit de sureau, on le pile et on le laisse fermenter 8 jours, après l'on y ajoute pour 100 livres de fruit, 125 grammes acide tartarique pulvérisé, 10 litres esprit de vin, on peut le conserver ainsi toute l'année et s'en servir lorsque l'on en a besoin.

Créme de Framboises.

Prenez 5 kilogrammes de framboises, écrasez-les et laissez-les fermenter 3 jours, ajoutez 5 litres eau chaude, passez au travers d'un linge, faites fondre dans ce liquide 10 kilogrammes de sucre, après ajoutez 7 litres esprit de vin et filtrez.

Couleur jaune pour les Liqueurs.

Prenez 4 grammes de safran gatinois première qualité, versez pardessus un verre d'eau bouillante, et laissez infuser qnelques heures; cette quantité suffit pour colorer de 80 à 100 litres de Liqueur.

Recette pour fabriquer le Sirop de Punch.

Prenez 10 kilogrammes de sucre, le jus et la râpure de 20 citrons et 6 litres d'eau; faites bouillir pendant 20 minutes, versez-le dans une terrine, et, lorsqu'il est froid, ajoutez 7 litres de bon rhum et 2 litres d'esprit de vin, après, filtrez.

Eau de Cologne.

Prenez deux litres d'esprit de vin à trente-trois degrés, deux onces d'essence de bergamotte, une once d'essence de citron, deux gros d'essence de néroli, quatre gros d'essence de girofle, trois gros d'essence de lavande, deux gros d'essence de romarin, le tout bien mélangé, et passez au filtre.

Recette pour fabriquer la Limonade gazeuse au Citron.

Mettez dans une terrine de terre un kilogramme sucre pilé, versez pardessus 20 gouttes extrait de Citronelle, mélangez bien, après, ajoutez 10 bouteilles d'eau, faites fondre le sucre, mettez dans chaque bouteille 3 grammes acide tartarique pilé, remplissez la bouteille avec la limonade, ajoutez 4 grammes bi-carbonate de soude pilé, bouchez promptement et ficelez le bouchon, agitez la bouteille afin que le mélange soit bien fait. Pour la conserver il faut coucher les bouteilles.

Limonade gazeuse à l'Orange.

Même préparation que la précédente : au lieu de mettre 20 gouttes d'extrait de Citronelle, l'on mettra 20 gouttes d'extrait d'Orange.

Par le même procédé on peut lui donner tout autre parfum, si on le désire ; cette limonade mousse comme le vin de Champagne et ne coûte que 20 centimes la bouteille.

Recette pour fabriquer le vin bischoff.

Prenez 10 bouteilles bon vin de Bordeaux, 4 livres de sucre, 20 gouttes extrait d'orange, 15 grammes canelle de Ceylan en poudre, 2 grammes noix muscade rapée, 2 grammes macis, 2 grammes clous de girofle ; on le fait bouillir une minute, on le passe au travers d'un tamis de soie ou d'un linge fin ; on le verse dans un vase de terre et on le couvre bien pour le conserver et on le met en bouteille.

RÈGLE GÉNÉRALE

Pour fabriquer les Sirops.

Prenez quinze livres de sucre et quatre litres d'eau, faites bouillir cinq minutes axec les ingrédients indiqués dans les recettes suivantes, selon la qualité que l'on désire faire.

Sirop d'Orgeat.

Ajoutez à la règle générale le lait de trois livres d'amandes.

Sirop de Gomme.

Faites infuser vingt-quatre heures d'avance une livre de gomme dans un litre d'eau tiède.

Sirop de Capillaire.

Deux onces d'herbe de capillaire du Canada.

Sirop de Groseilles.

Ajoutez à la règle générale le jus de trois livres de groseilles pilé et fermenté pendant 3 jours.

Sirop de Limons.

Ajoutez le jus de quarante citrons.

Sirop de Framboises.

Ajoutez à la règle le jus de trois livres de framboises.

Recette pour fabriquer le lait d'Amandes.

Prenez deux livres d'amandes douces; une livre d'amandes amères; on met le tout dans l'eau bouillante cinq minutes, on le retire et on le met dans l'eau froide quinze minutes, après on les retire de l'eau, on les pèle, puis on les pile dans un mortier de marbre de manière à les rendre aussi pâteuses que le beurre, et l'on ajoute jusqu'à la quantité de deux litres d'eau, ensuite on les presse pour en recevoir le lait.

RÈGLE GÉNÉRALE.

Pour les glaces à la Créme.

Prenez trois livres du meilleur lait, le jaune de huit œufs et douze onces de sucre; on fait cuire sur un feu doux de la manière habituelle avec les aromates que l'on trouve dans les recettes suivantes, selon la qualité que l'on désire faire.

Créme au Chocolat.

Prenez six onces de chocolat superfin râpé dans la crême.

Créme à la Vanille.

Prenez un gros de vanille première qualité.

Créme au Café.

Prenez six onces de café grillé ; on le met entier dans la crême.

Créme aux amandes grillées.

Prenez quatre onces d'amandes amères coupées en quatre et grillées comme l'on fait griller le café.

Créme aux pistaches.

Prenez 4 onces de pistaches, on les fait blanchir dans l'eau chaude, puis on les pèle et on les coupe en quatre.

Créme à la fleur d'Oranger.

Prenez quatre onces de fleurs d'oranger confites, bien pilées avec le sucre.

Créme au Cédrat.

Prenez la râpure de quatre cédrats.

Créme à la Cannelle.

Prenez quatre gros cannelle de Ceylan.

RÈGLE GÉNÉRALE

Pour les glaces aux Fruits.

Prenez deux livres de sirop bien cuit, une livre d'eau et les parfums indiqués dans les recettes suivantes.

———

Glace aux Fraises.

Prenez le jus de deux livres de fraise et de trois citrons.

———

Glace aux Citrons.

Prenez le jus de 12 citrons.

———

Glace aux Framboises.

Prenez le jus de trois livres de framboises et de 4 citrons.

———

Glace aux Péches.

Prenez le jus de deux livres de pêches bien mûres et de 4 citrons.

———

Glace aux Abricots.

Prenez le jus de deux livres d'abricots bien mûrs et le jus de 4 citrons.

———

Glace à la Rose.

Prenez une livre d'eau de rose triple et le jus de 6 citrons ; colorez avec du carmin en rose.

Glace à la fleur d'Oranger.

Prenez 250 grammes eau de fleur d'oranger triple et le jus de 6 citrons.

Glace à la Cannelle.

Prenez 250 grammes eau de cannelle de Ceylan et le jus de 6 citrons.

Glace aux Oranges.

Prenez le jus et la râpure de 10 oranges.

Glace au Marasquin.

Prenez un quart de flacon d'extrait de marasquin.

Remarque. Les glaces à la rose, à la fleur d'orange et à la cannelle, l'on peut remplacer les eaux indiquées dans les recettes par le quart d'un flacon d'extrait de chaque qualité.

Recette pour fabriquer l'Elixir de longue vie.

Prenez   1 litre esprit de vin ;
      60 grammes aloës sucotrin ;
      10 grammes zéodoaire ;
      4 grammes gentiane ;
      15 grammes rhubarbe ;
      8 grammes agaric blanc ;
      30 grammes thériaque de Venise,
      15 grammes safran ;

Le tout pilé et infusé huit jours ; après on y ajoute 2 litres d'eau-de-vie.

Cet Elixir a la propriété de guérir les maux d'estomac ; il est excellent pour les coliques, et pour toutes indispositions intérieures.

RECETTES PARTICULIÈRES.

Pour vieillir les eaux-de-vie comme si elles avaient ans de fabrication.

———

Pour vieillir les vins, leur ôter leur verdeur et leur âcreté, et les vieillir en même temps.

———

Pour préparer l'essence de Médoc et donner le parfum aux vins de Bordeaux, comme les vins de Château-Margot et de Château-Lafitte.

———

Pour préparer les eaux-de-vie de Cognac et de Bordeaux.

———

Pour fabriquer de la bière de première qualité, à 6 fr. l'hectolitre.

———

Manière de blanchir le sucre brut sans le fondre et sans feu.

A Messieurs les Négociants en Liquides.

Avec la présente brochure l'on peut fabriquer sans feu et sans ustensiles, un assorti-ment de liqueurs garanties tout ce qu'il y a de superfin et de qualités supérieures aux liqueurs d'Italie, de la Martinique et de France, aux prix de 1 franc 50 centimes le litre; cette fabrication se fait avec des extraits de nouvelle invention; un flacon con-tenant 40 grammes suffit pour faire 20 litres de liqueurs superfines, ou 60 litres de li-queurs communes. Prix du flacon, 6 francs. Les personnes qui désirent apprendre à faire les extraits elles - mêmes, d'après le brevet d'invention. Prix : 200 francs.

Liqueurs fines, 1 franc 15 centimes le litre.
Liqueurs demi-fines, 80 centimes le litre.
Liqueurs communes, qualité supérieure, 55 centimes le litre.